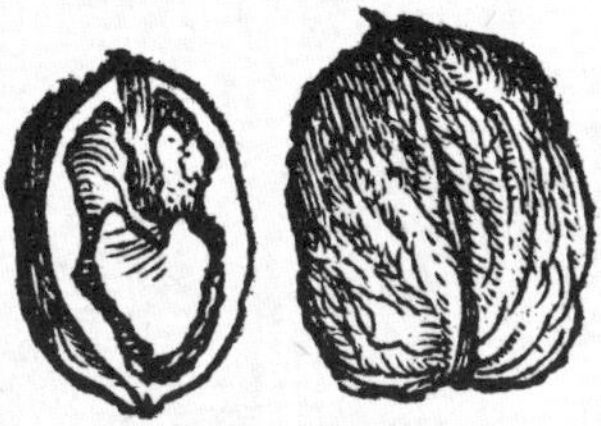

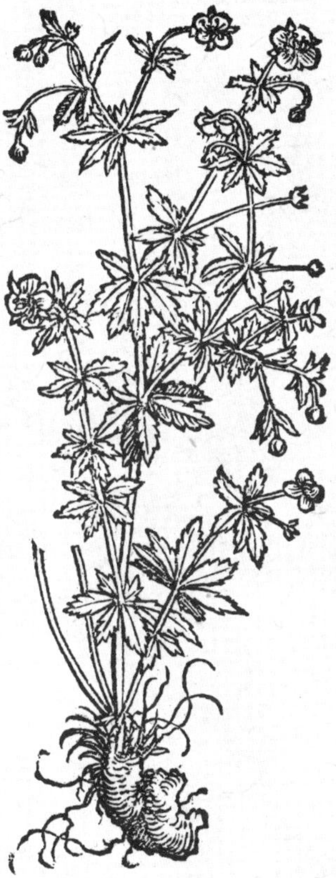

HERBArum Imagines uiuæ.

Der kreuter Lebliche Contrafaytung.

Cum Cæs. Ma. Priuilegio.

Francoforti Christianus Egenolphus excudebat.

Arthemisia.
Beifuß.

Althea.
Ibisch.

Abſinthium
Wermut.

Auena.
Habern.

Aſarum haſelwurtz.

Semperuiua haußwurtz.

Feniculus.
Fenchel.

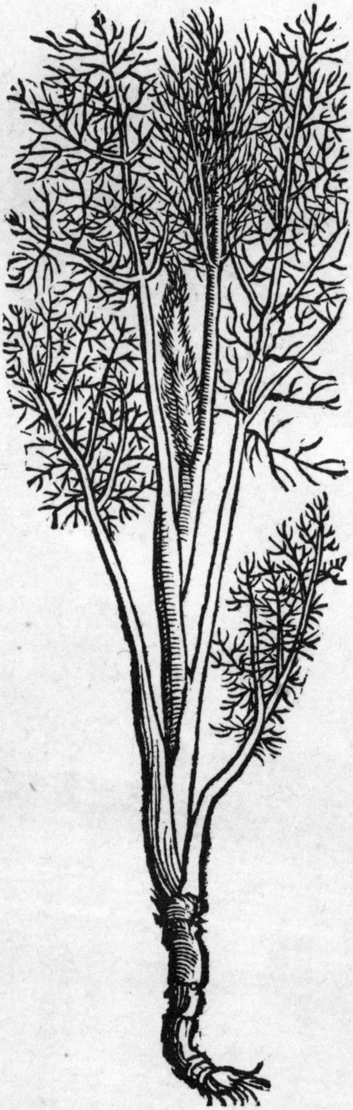

Alkakengi.
Boberellen.

Agrimonia.
Odermenig.

Anetum.
Till.

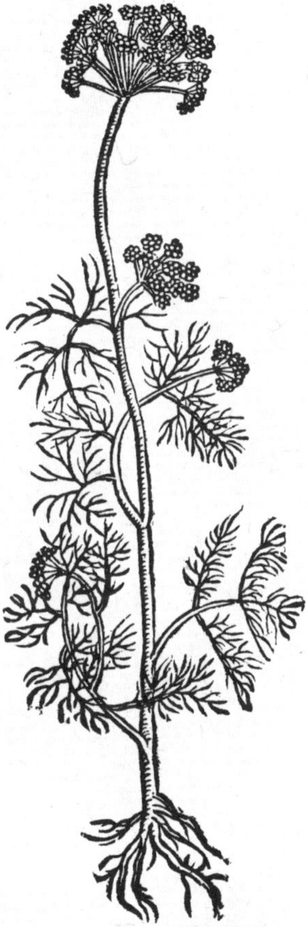

Aristologia rotunda.
Holwurtz.

Astrens Meisterwurtz.

Acetosa.
Ampffer.

Aros Aron.

Quercus Eychbaum.

Alleluia
Guckauch lauch.

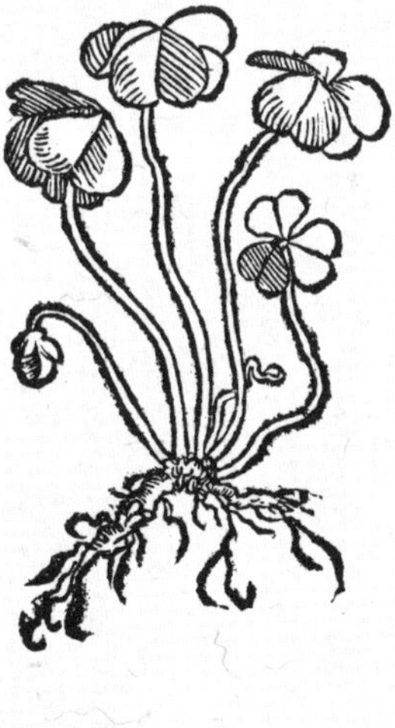

Accatia Schlehen.

Alchimilla.
Sinnaw.

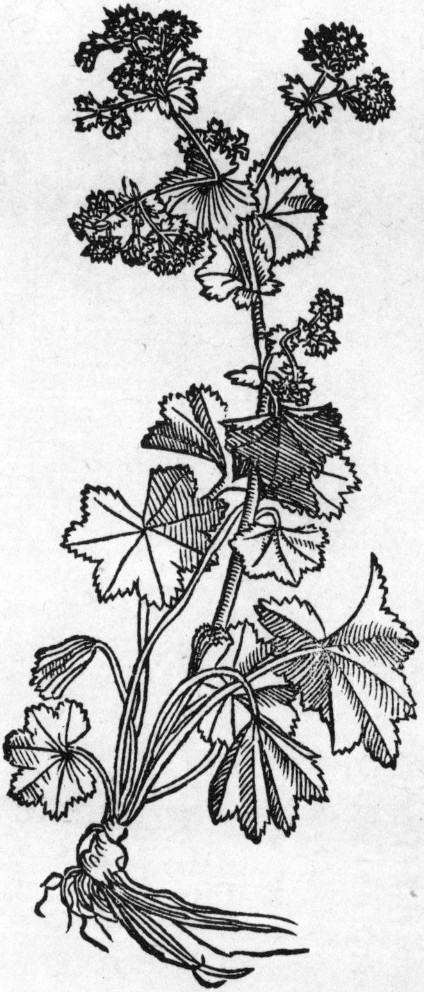

Aristologia longa.
Osterlucei.

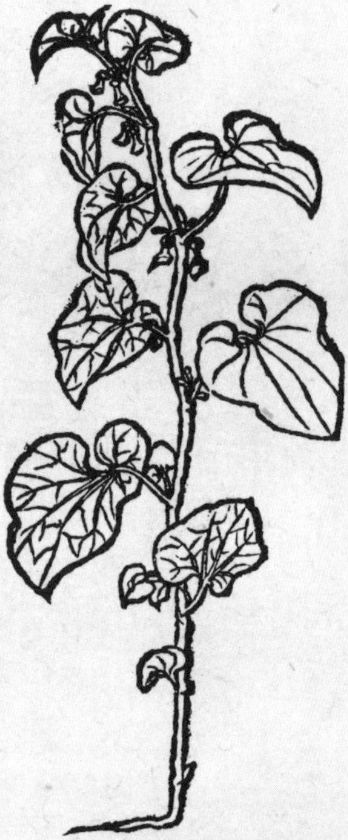

Auricula muris.
Meußor.

Abrothanum:
Stabwurtz.

Anthos.
Roßmarin.

Hedera. Eppich.

Bleta Kől.

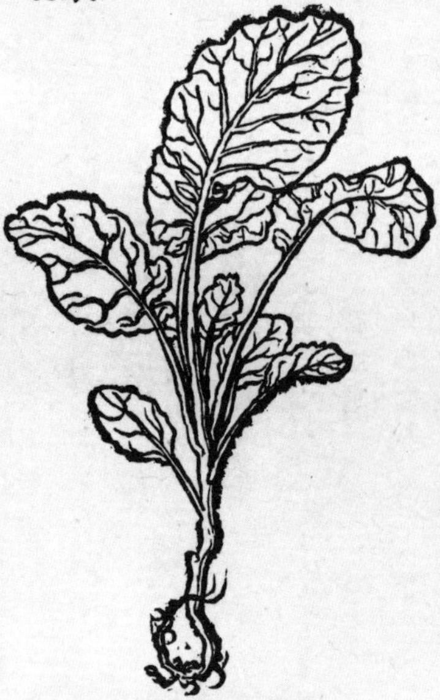

Cuscuta Tottern.

Cepe Zwibeln.

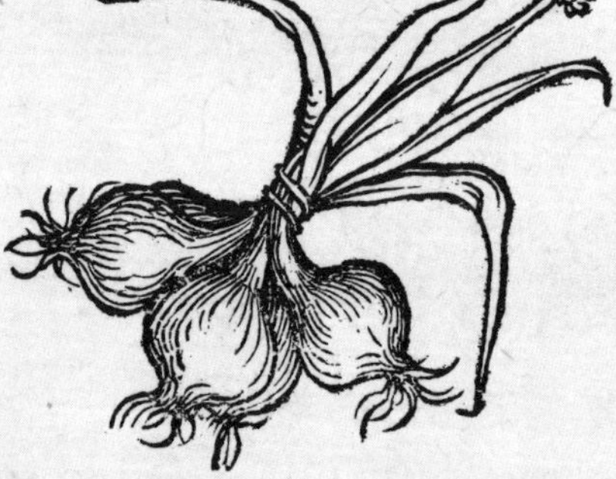

Amigdalum.
Mandeln.

Apium.
Epphew.

Buxus Buchsbaum.

Citrullus Kichern.

Barotus.
Binsaug.

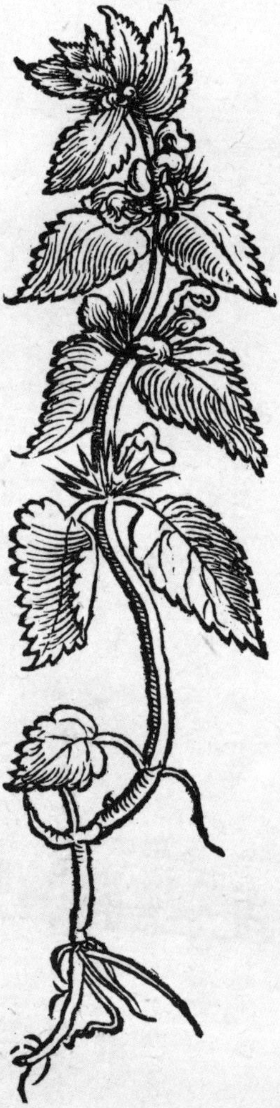

Barba siluana.
Wasser Wegerich.

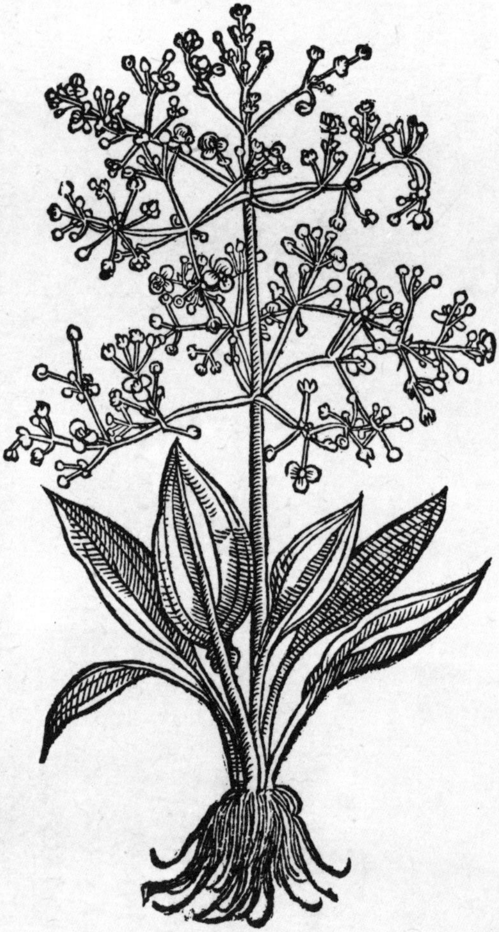

Buglossa.
Ochsenzung.

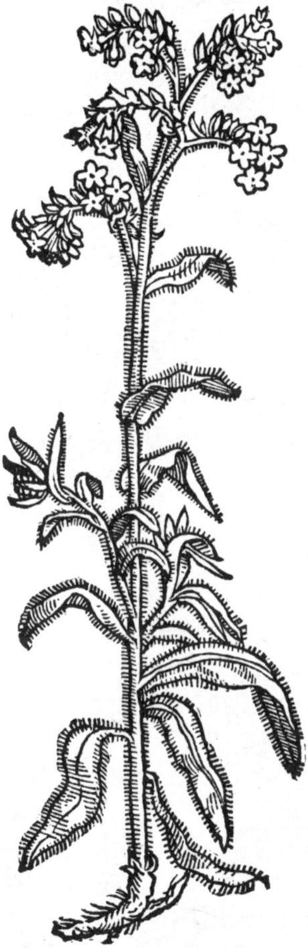

Buglossa siluestris.
Wild Ochsenzung.

Peruinca.
Singrün.

Branca urſina.
Berenklae.

Allium,
Knoblauch.

Ceraſum.
Kirſchen.

Cardo fullonum.
Weber karten.

Camomilla.
Camillen.

Bursa pastoris.
Teschelkraut.

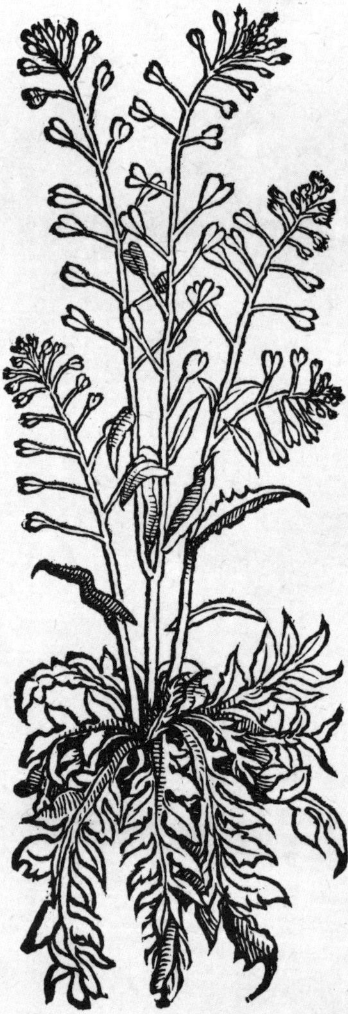

Betonica.
Betonic.

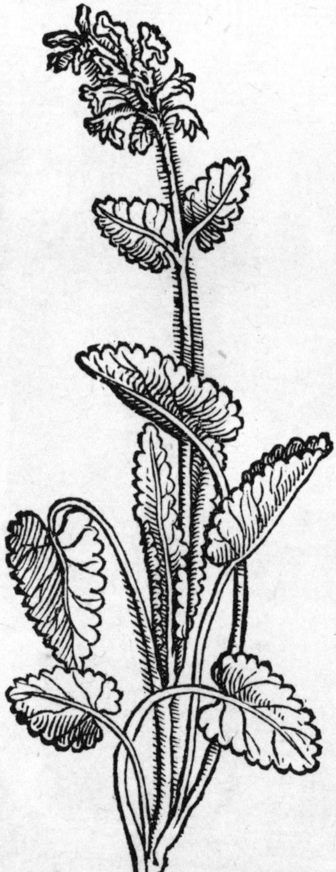

Aquilegia.
Ackeley.

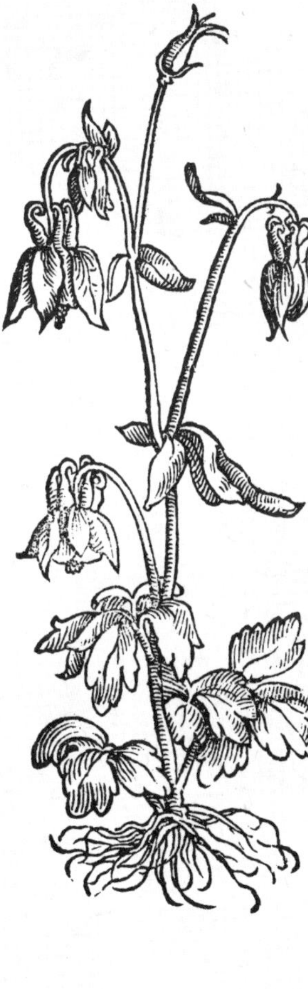

Labrum Veneris.
Distel

Basilicon. **Basilien.**

Cardo benedictus. **Bornwurtz.**

Esula **Wolffs milch.**

Prunella
Brunellen.

Trifolium
Klee.

Cheiri
Gel vic'n.

Hedera terrestris.
Gundelreb.

Consolida maior.
Walwurtz.

Cordiaca
Hertzgespan.

Ebulus
Attich

Balsamita.
Balsam.

Iris.
Blaw lilien.

Dens leonis
Felriß.

Colubrina.
Naterwurtz.

Cinoglossā.
Hundszung.

Diapensia.
Sanickel.

Gallitricum.
Scharlauch.

Gallitricum agreste.
Wild Scharlauch.

Lauendula.
Lauendel.

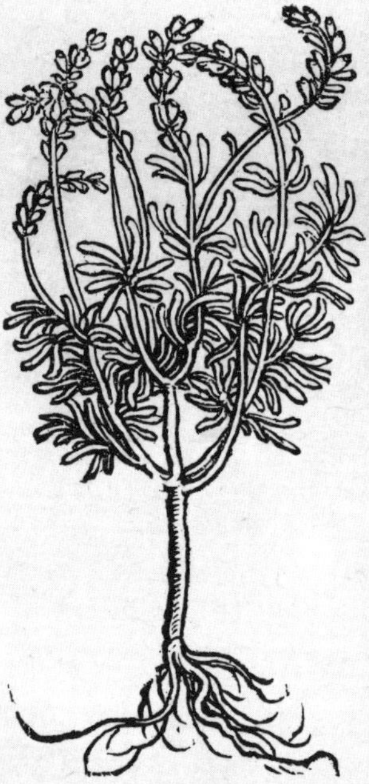

Iuniperus.
Weckolter.

Sigillum Salomonis

Weißwurtz. Diptan.

Cauda equina. Roßschwantz.

Lilium. Lilien.

Filipendula. Rot Steinbrech.

Nux. Nuß.

Eruca.
Weiß Senff.

Rostrum ciconiæ.
Storcken schnabel

Acorus.
Geel lilien.

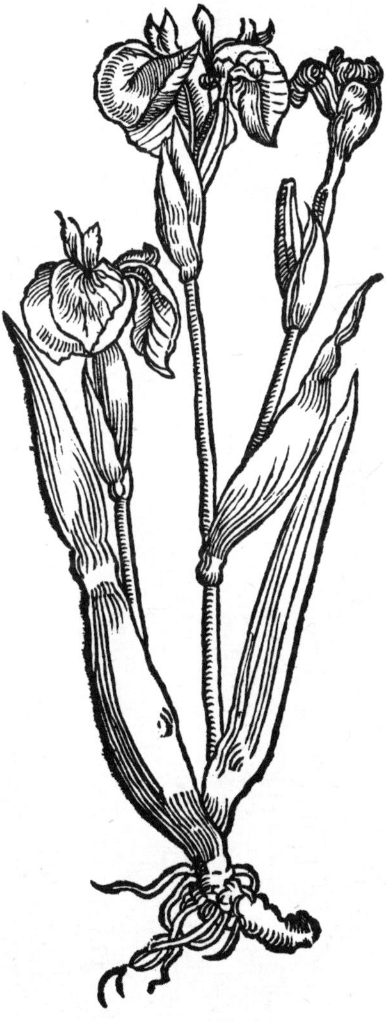

Matricaria.
Meter.

Lapatium maius.
Menwenwurtz.

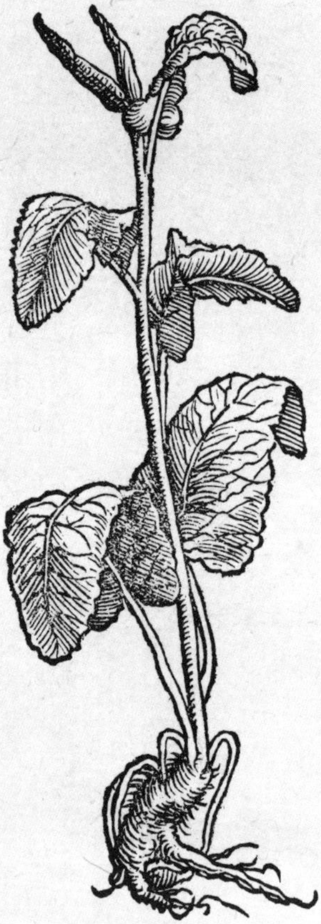

Nenufar.
Seeblůmen.

Cicorea.
Wegwart.

Pes corui.
Hanenfůß.

Flos S. Ioannis.
S. Johans blům.

Eufragia.
Augentrost.

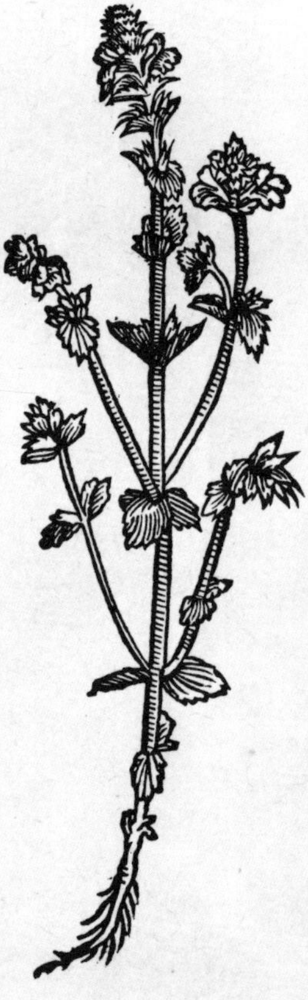

Benedicta.
Benedictenwurtz.

Cataputia. Springwurtz.

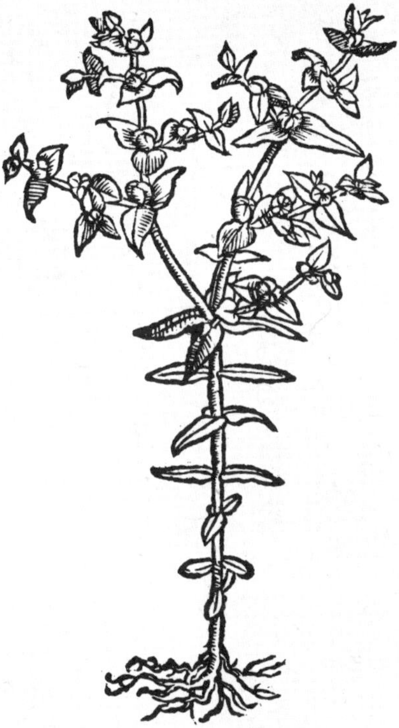

Gamandrea. Gamandre.

Nigella. Raden.

Morabacci. Bromber.

Pisa. Erbsen.

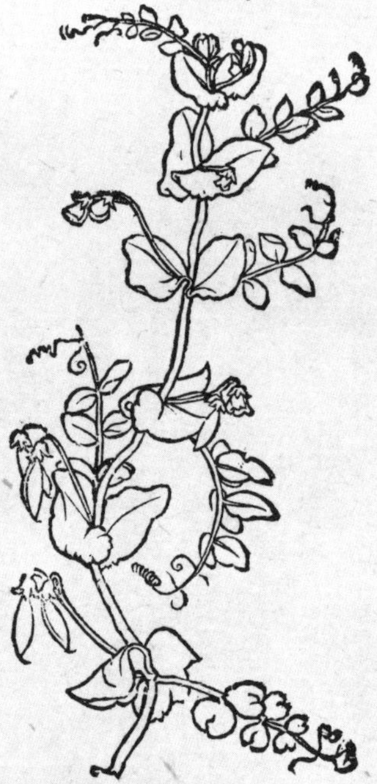

Labrum Veneris. Weiß distel.

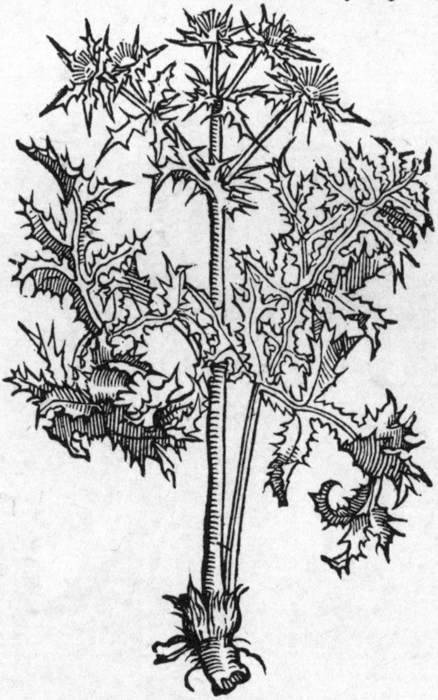

Morsus diaboli. Abbiß.

Gramen. Graß.

Leuiſticus. Liebſtöckel.

Conſolida regalis. Ritterſporn.

Lactuca. Lattich.

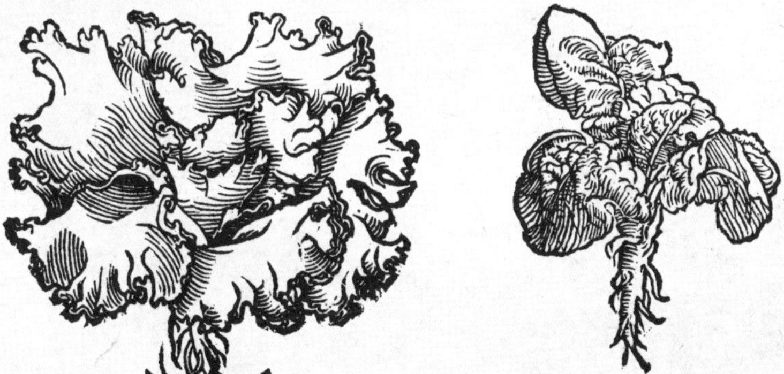

Herba Paraliſis. Schlüſſelblůmen

Menta. Mintz.

Trifolium agreſte. Wild Klee.

Fraga. Erdtbern.

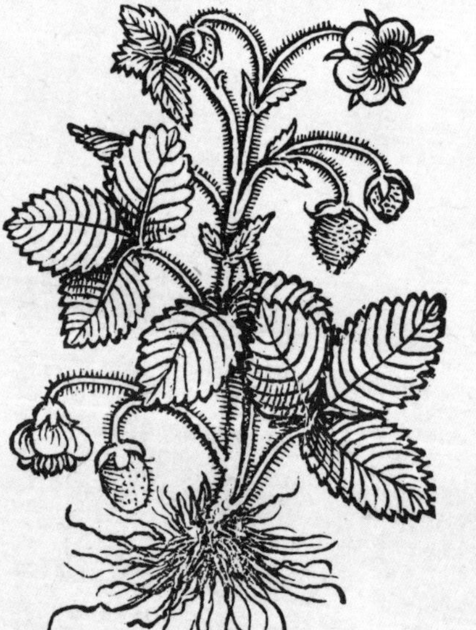

Flos frumenti. Kornblům.

Endiuia. Endiuien.

Galanga. Galgan.

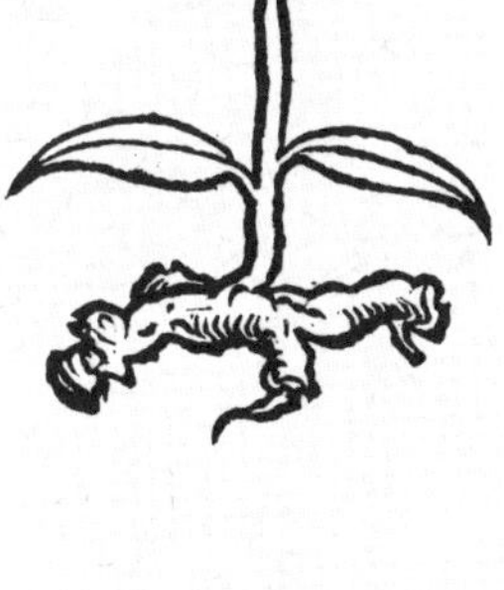

Roſa. Roſen.

Marrubium.
Andorn.

Saponaria.
Seyffkraut

Mentastrum.
Fischmintz.

Pentaphillon.
Fünffinger kraut.

Chamedreos. Vergiß mein nit.

Calendula. Ringelblům

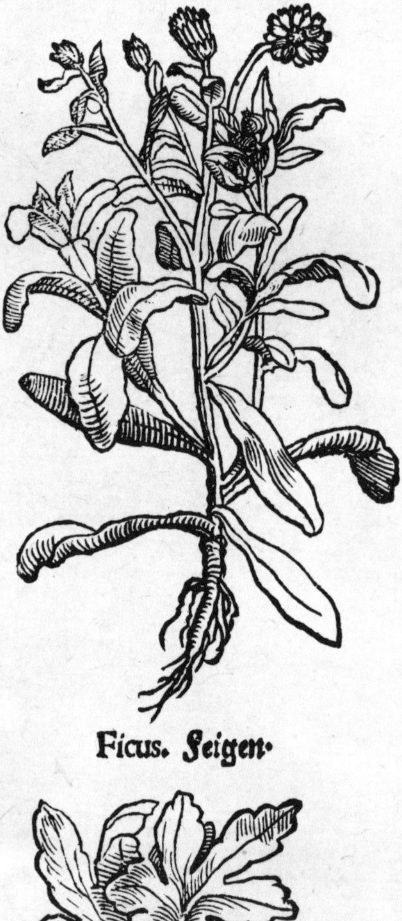

Mala maciana Holzöpffel.

Ficus. Feigen.

Premula ueris. Maßlieben.

Capillus Veneris. Maurrauten.

Castanea. Kesten.

Cucurbita. Kürbiß.

Papauer. Magsame. Plantago maior. Bieyt Wegrich.

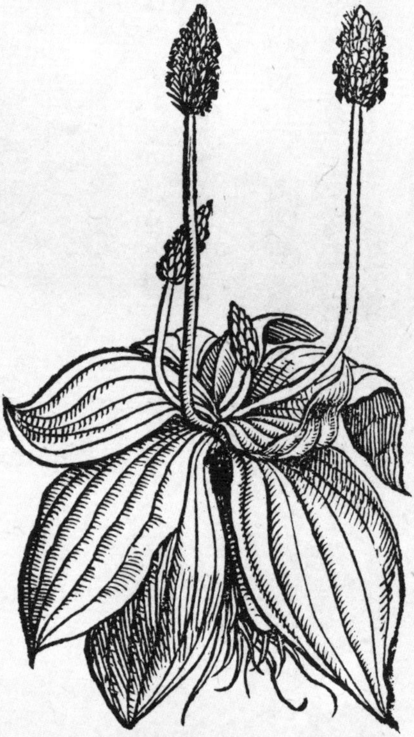

Lilium inter spinas. Zeunling.

Genesta.
Pfrim̄en.

Plantago minor.
Spitz Wegerich.

Scolopendria. Hirtzung.

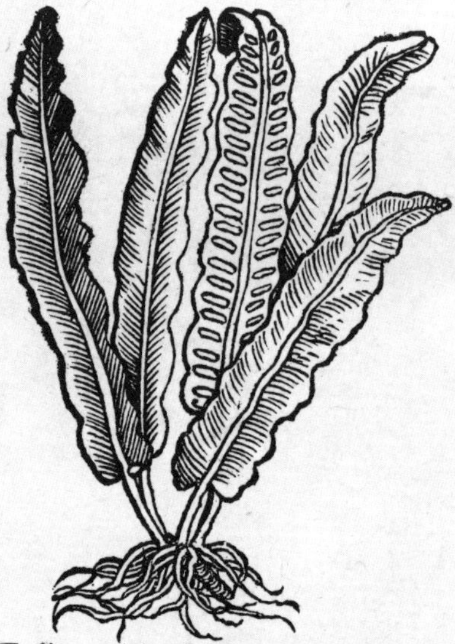

Polipodion. Engelsüß.

Gallus. Galöpffel.

Floramor.

Serpillum. Quendel.

Malua. Bappeln.

Proserpinata. Wegdrit.

Rapa. Růben.

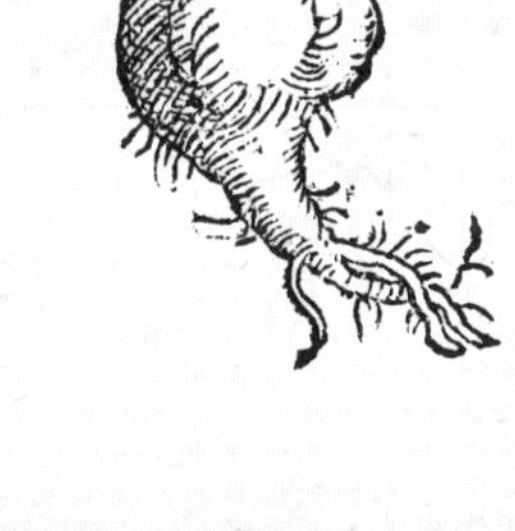

Perfoliata Durchwachs.

Persicaria Flöhkrut.

Linum Flachs

Pulmonaria Lungenkraut.

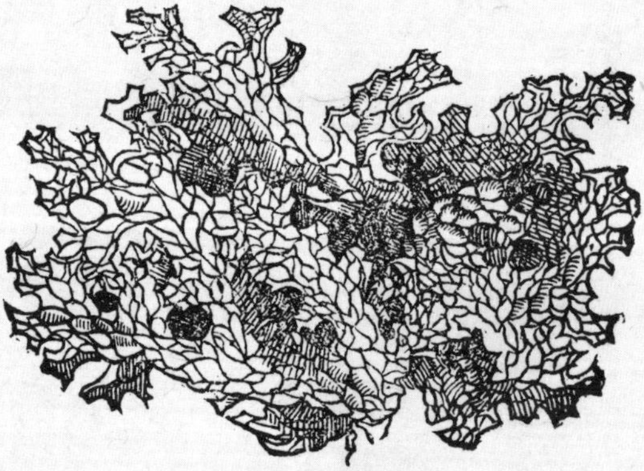

Ribes.
Johans treublin.

Paritaria.
Tag vnd nacht.

Raponceoli.
Rapuntzeln.

Enula. Alant.

Protentilla. Grensing.

Origanum. Dosten.

Berberis. Versich.

Epatica. Leberkraut.

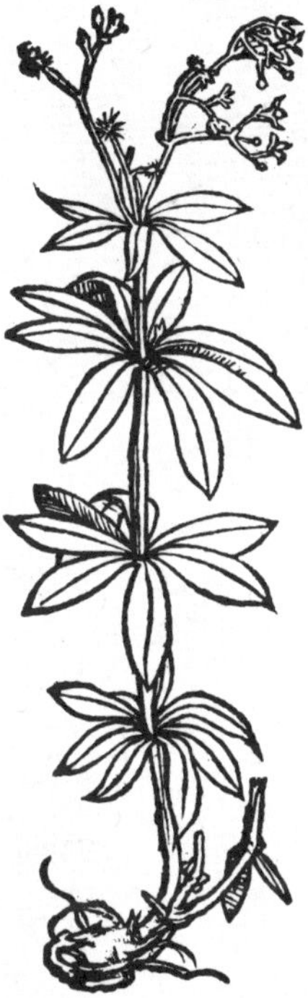

Pira. Biren.

Porrum.
Lawch.

Pomum.
Apffel.

Petroselinon.
P.tersilien.

Bombax. Baumwoll.

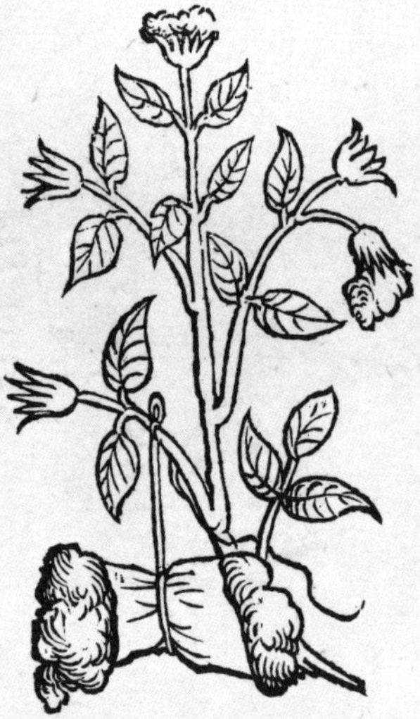

Nespilum. Nespeln.

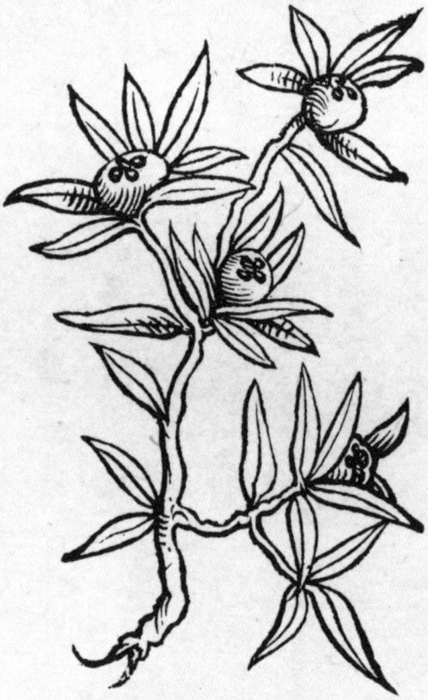

Lilium conuallium. Meyblům.

Vnifolium. Einblat.

Iusquiamus. Bilsen.

Pimpinella. Bibenell.

Creutzwurtz.

Fumus terræ. Taubenkropff.

Borrago.
Borrich.

Peonia.
Beninien.

Orobus.
Wicken.

Orobus siluestris.
Wild Wicken.

Chelidonia. Schelwurtz.

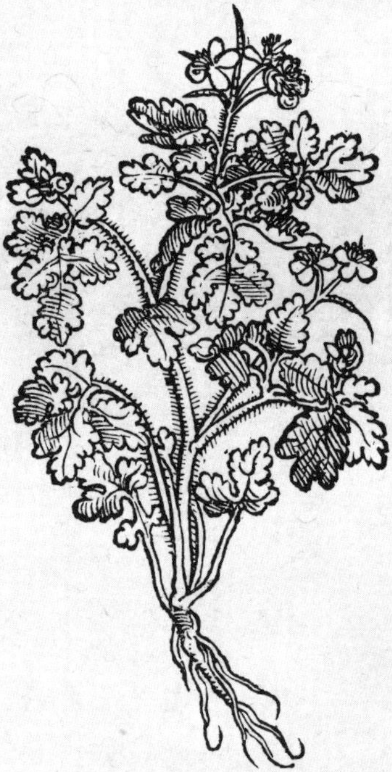

Humulus. Hopffen.

Mandragora. Alraun.

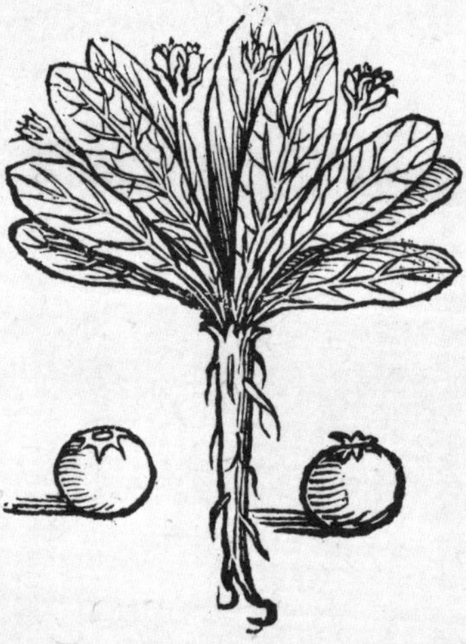

Vsnea. Moß.

Scabiosa.
Apostemen kraut.

Diptamum.
Diptan.

Baucia. Moren.

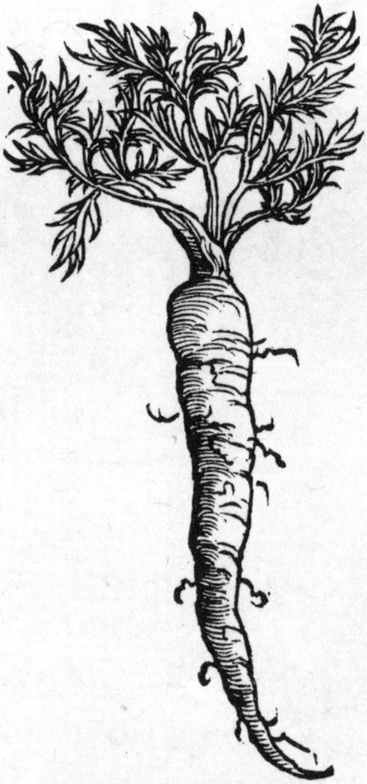

Raphanus. Rettig.

Persicum. Pfersing.

Saxifraga. Steinbrech.

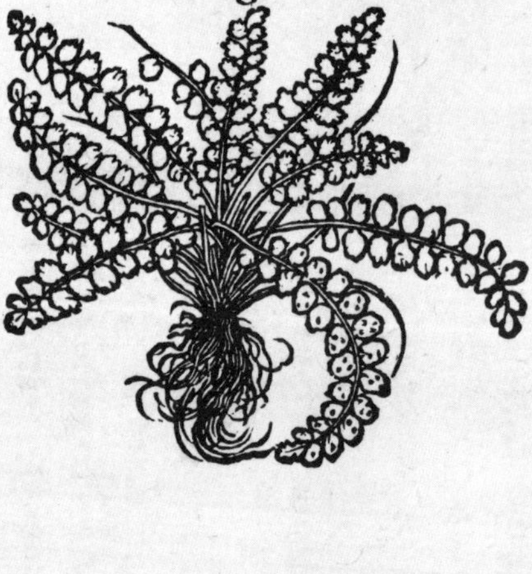

Maiorana. Meieron.

Chamepitheos. Je lenger ie lieber.

Volubilis. Winde.

Sambucus. Holder.

Vermicularis **Maurpfeffer.**

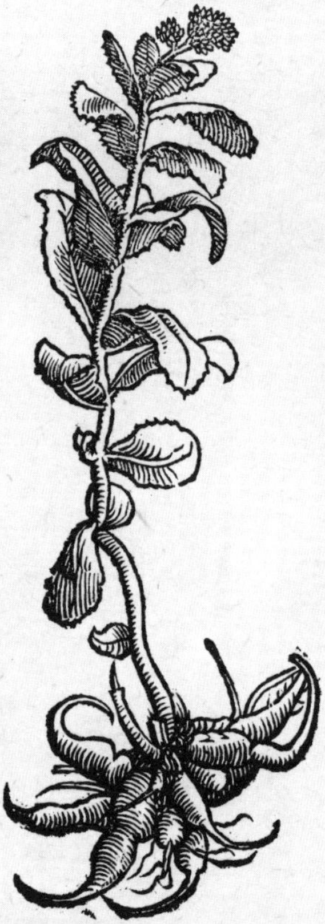

Sticados citrinum.
Reinblům.

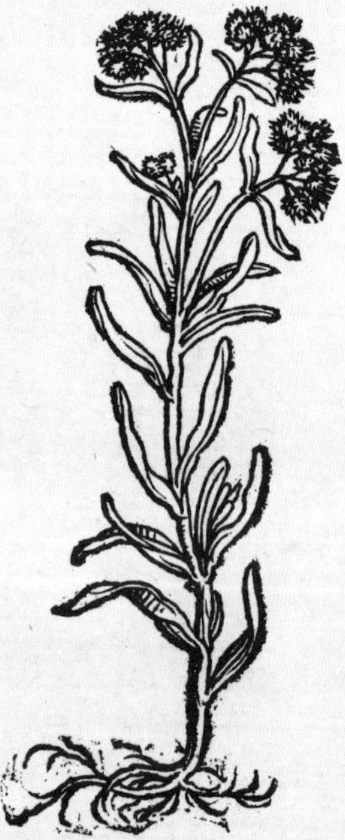

Brionia.
Stickwurtz.

Ruta.
Rauten.

Canabus. Hanff.

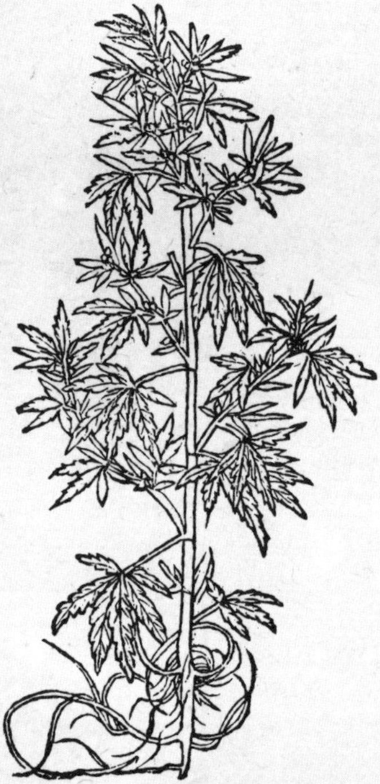

Solatrum. Nachtschat.

Vulgago. Erdtöpffel.

Carthamus.
Wild Saffran.

Filex.
Faren.

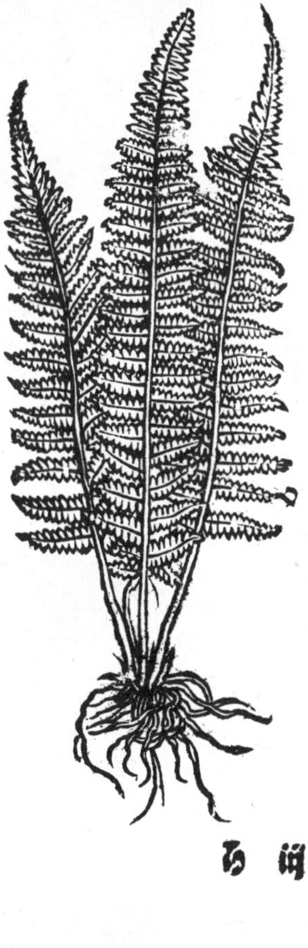

Mirtus.
Heidelber.

Satirion.
Stendelkraut.

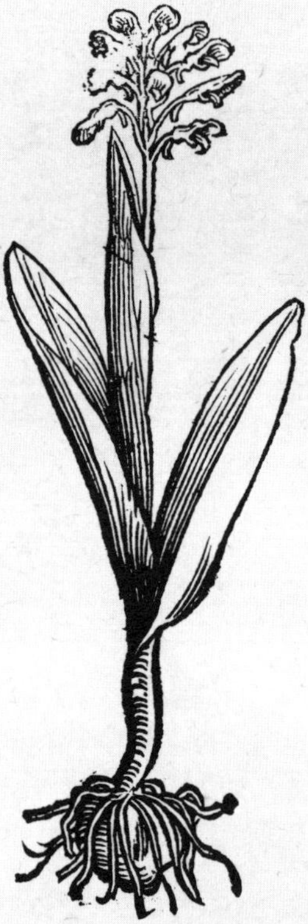

Rapiſtrum.
Hederich.

Tormentilla.
Tormentill.

Nasturcium
Kressen.

Morsus gallinæ.
Meier.

Faba.
Bonen.

Siligo.
Korn.

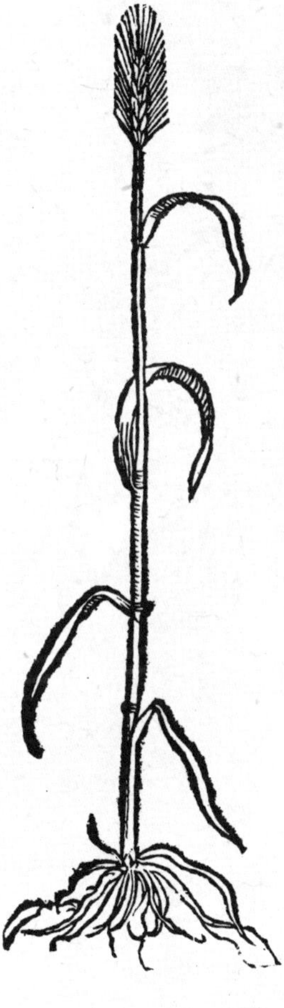

Spelta.
Spelz.

Hordeum.
Gersten.

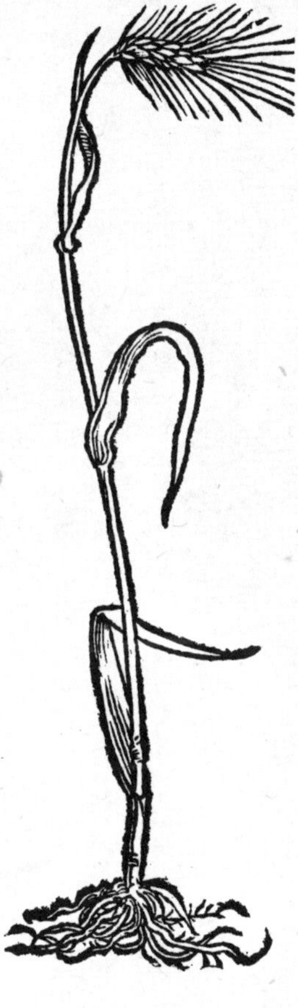

Saluia.
Salbei.

Linaria.
Harnkraut.

Vngula caballina.
Hůflattich.

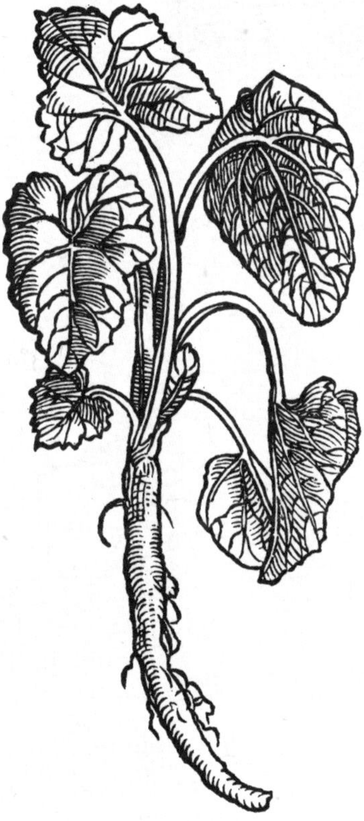

Veronica.
Erenpreiß.

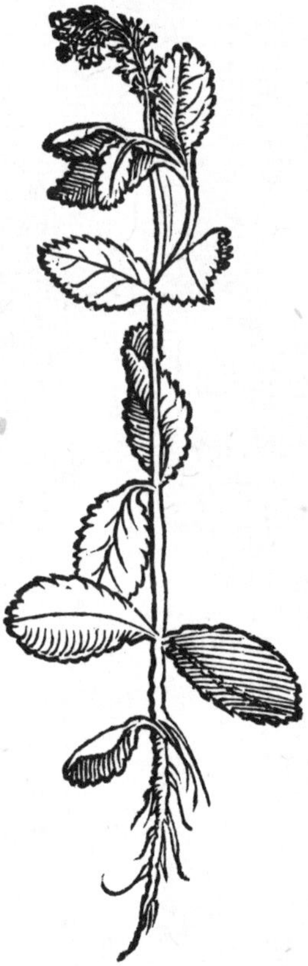

Centaurea.
Tausent guldin.

Apium.
Ephew.

Pulegium.
Poley.

Viola. Violen.

Saxifraga.
Weiß Steinbrech.

Tanacetum.
Reynfarn.

Prunum.
Pflaumen.

Iuiube.
Hanboten.

Taxus barbatus.
Wullkraut.

Melissa.
Muterkraut.

Mercurialis.
Bingelkraut.

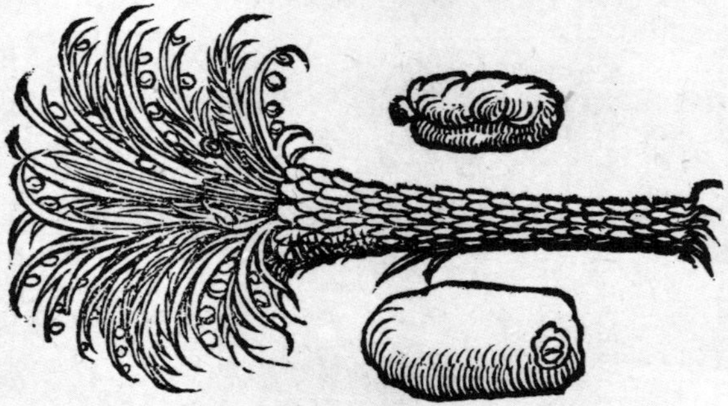

Dactilus. Datteln.

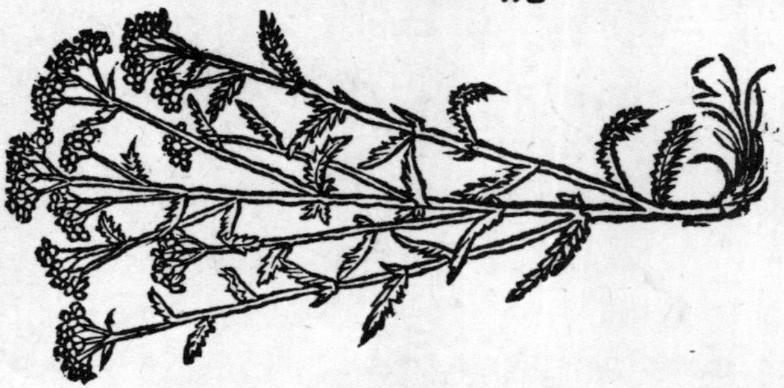

Millefolium. Schaffgarb.

Sauina. Seuenbaum.

Salix. Weid.

Einbeer

Iacea
Freyschemkraut

Satureia
Sedenei

Vitis
Weinreb

Pirola.
Wintergrün

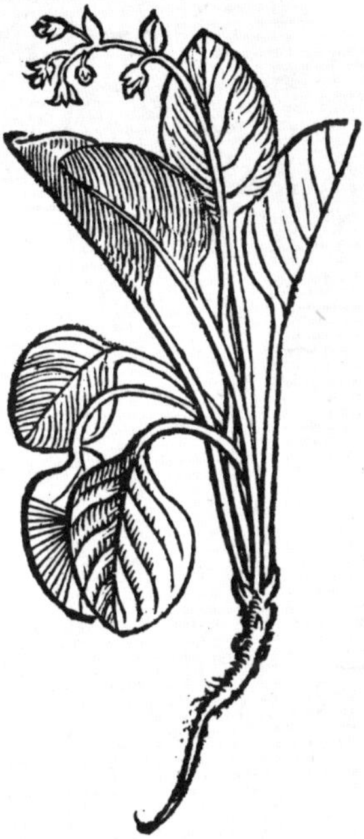

Goltsüß.

Verbena
Eiſenkraut

Gingiber aquaticum
Waſſerpfeffer

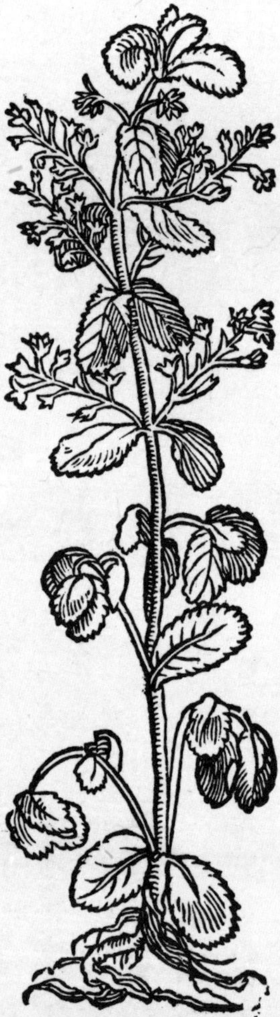

Scrophularia Braunwurtz.

Hipericon
Sant Johans kraut.

Vrtica
Neſſeln

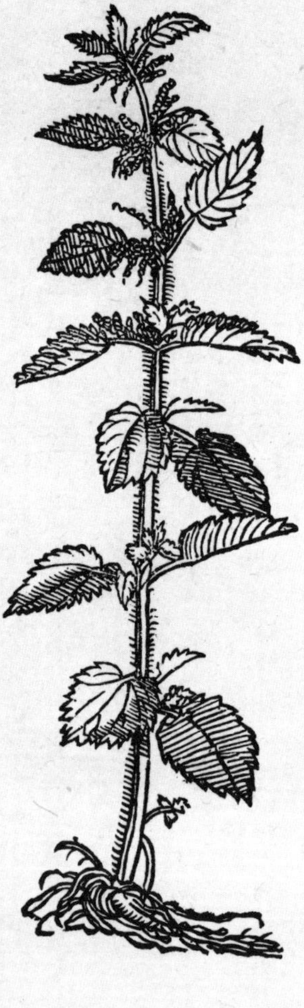

Mirica
Heyd

Valeriana
Baldrian

Widerthon.

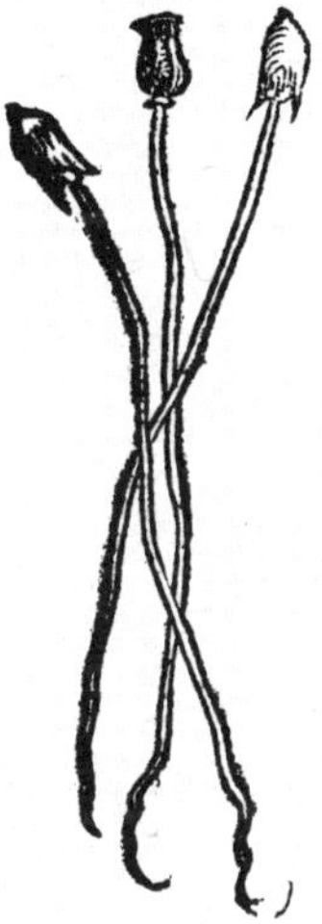

Isopus
Jsop

Iringus
Krauß Disteln.

INDEX.

L

INDEX.

INDEX.

Register.

Far-

Regiſter

Tesch

¶Register.

¶Zu Franckfurt/ Chr. Egen. 1535.

Twenty-eight hundred copies of the
HERBARUM IMAGINES VIVAE
were printed for the members of
Editions Medicina Rara Ltd.
at the presses of the
Druckerei Holzer, Weiler im Allgäu, West Germany,
on a rag paper manufactured especially for this edition by
August Köhler, Oberkirch, West Germany,
and bearing the private watermark

of *Medicina Rara.*
The plates for this printing were made from a copy
of the original 1535 Frankfurt edition
belonging to the Leopold Sophien Bibliothek Überlingen.
The photography was done by the
Kunstanstalt E. Sautter, Reutlingen, West Germany.
Three hundred copies have been bound in marbleized paper
at the bindery of Richard Mayer, Stuttgart, West Germany;
they have been numbered in roman numerals I-CCC
and have been placed in velour-lined sheepskin boxes.
Twenty-five hundred copies have been bound in "Elephant Hide" paper
at the bindery of Heinrich Koch, Tübingen, West Germany;
they have been numbered in arabic numerals 1-2500
and have been placed in boxes bound in full Seta-Rips.
The Medicina Rara edition was produced under the supervision of the
Agathon Presse, Baiersbronn, West Germany.
This copy is number

226